NOTICE TOPOGRAPHIQUE

SUR

BOUZAREA

PAR

Le D LIAUTAUD

PRÉSIDENT

DU COMICE AGRICOLE D'ALGER

ALGER

JUILLET SAINT-LAGER, LIBRAIRE-ÉDITEUR
Imprimeur de la Ville

1872

NOTICE TOPOGRAPHIQUE

SUR

BOUZARÉA

PAR

Le D' LIAUTAUD

PRÉSIDENT

DU COMICE AGRICOLE D'ALGER

ALGER

JUILLET SAINT LAGER, LIBRAIRE-ÉDITEUR

Imprimeur de la Ville.

—

1872

NOTICE TOPOGRAPHIQUE

SUR

BOUZARÉA

CONSIDÉRATIONS PRÉLIMINAIRES

L'une des causes qui ont le plus malheureusement influé sur les premiers essais de colonisation agricole de l'Algérie, est la répartition
vicieuse des cultivateurs dans les localités, dont
les circonstances naturelles étaient peu propices,
sinon tout à fait contraires à leurs aptitudes, à
leur genre d'exploitation, comme aux conditions
économiques du pays.

Le directeur d'un journal d'agriculture dont
le nom fait autorité, M. Lecouteux, disait il y
quelques années : « Les circonstances naturelles
peuvent-être considérées dans leur ensemble
comme une seule force, l'activité humaine en
est une autre ; si elles agissent dans le même
sens, la résultante est double ; plus elles agissent en sens contraire, plus elles tendent a se
neutraliser. »

C'est pour ces motifs que, lorsqu'il s'agit de fonder de nouveaux centres agricoles, il importe de diriger le nouveau colon dans le choix de la propriété à acquérir ; de ce choix dépend le succès de son entreprise. — Nous voyons encore journellement ensemencer en céréales, des terrains bas et argileux qui auraient fait de bons pâturages ; où la rouille vient compromettre chaque année la récolte ; d'autre font pâturer des troupeaux de moutons dans des lieux inondés en hiver, où la cachexie aqueuse et le piétin les déciment : ailleurs on voit des bœufs de la plus grande taille pâturer dans des terrains secs et élevés où des moutons trouveraient à peine leur subsistance.

De semblables exemples, et bien d'autre encore qu'il nous serait facile de réunir prouvent l'ignorance des masses au sujet des contrées agricoles, et cette ignorance, surtout pour les immigrants étrangers, provient de l'absence à peu près complète de descriptions, où il soit tenu compte des différences du sol, de climat et autres circonstances physiques ou économiques qui doivent être prises en grande considération, pour le choix des cultures à adopter.

Dans les circonstances actuelles, au moment ou de nouveaux essais de colonisation vont être entrepris, il est urgent de procéder à une étude minutieuse de toutes les parties du pays, de savoir ce que chacune d'elles est, ce qu'elle vaut, ce que l'on peut en espérer.

Nous commençons aujourd'hui par l'étude d'une petite contrée située aux portes d'Alger même, et qui a été dédaignée jusqu'à ce jour, par suite de cette insouciance pour nos intérêts réels que nous devons à l'influence de nos institutions administratives.

LE MASSIF DE BOUZARÉA

CONFIGURATION PHYSIQUE

Le massif de Bouzaréa, connu aussi sous le nom de *massif d'Alger*, est cet ensemble de coteaux élevés qui domine, dans la direction du nord-ouest, la capitale de l'Algérie ; circonscrit par la mer au nord à l'est et à l'ouest, et par les terres du Sahel au sud. Trois communes, celle de Saint-Eugène, Chéragas et la Bouzaréa sont comprises dans cette circonscription, occupant une surface, de 16 kilomètres de longueur de l'est à l'ouest et sur une largeur de 5 kilomètres environ du nord au sud.

Le mont Bouzaréa, point culminant de toute la contrée, s'élève à 407 mètres au-dessus du niveau de la mer, il est situé à la distance de 8 kilomètres d'Alger, les contreforts qui s'en détachent, comme d'un nœud central, descendent du coté du nord, vers le littoral, ou ils forment plusieurs saillies avancées dans la mer, telles que la pointe de la Salpétrière, celles des consuls ou du fort des Anglais ; la Pointe-pescade, le cap Caxine et le raz-El-Knater. Jusqu'à la Pointe-pescade qui ferme à l'ouest le golfe d'Alger, dont la limite orientale est le cap Matifoux, la côte présente de nombreuses dentelures ; on remarque de magnifiques jardins, de charmantes maisons de campagne et de grands espaces de terrains défrichés sur toutes les hauteurs qui avoisinent la mer, jusqu'à un mille à l'ouest du cap, mais au delà, les versants des collines n'offrent plus qu'une teinte de vert grisâtre dont l'uniformité fatigue.

Les pentes méridionales de Bouzaréa, beaucoup plus adoucies que celles du nord, figurent deux versants séparés par une ligne de faîte qui partant du village de Bouzaréa, se dirige vers le sud et se continue sur les collines du Sahel en passant par Dély-Ibrahim.

Le versant de l'est, le plus petit des deux, est très-accidenté et coupé par des ravins profonds dont le principal forme le bassin de l'oued Aïoum Sr'Kakna, plus connu des habitants d'Alger sous le nom de *Frais-Vallon*. Rien de plus pittoresque que ce quartier, dont une moitié appartient à la commune d'El-Biar : son nom indigène lui vient de la présence de plusieurs sources thermales, dont nous parlerons ci-après, et qui constitue une richesse locale que la proximité de la capitale aurait dû faire exploiter depuis longtemps.

Le versant de l'ouest, trois fois plus étendu que le précédent, est constitué physiquement par un ensemble de mamelons arrondis et de pentes ravinées, qui s'abaissent insensiblement jusqu'au grand plateau dit *Baïnem* qui s'étend jusqu'au littoral, sur une attitude moyenne de cent mètres. Malgré toutes nos recherches, il nous a été impossible de découvrir l'étymologie réelle de cette dénomination de *Baïnem* qui figure sur les cartes du cadastre ; peut-être est-ce une corruption du mot arabe *Benian* qui signifie construction. On y remarque en effet beaucoup de vestiges de constructions de l'époque romaine, et de tombeaux mégalithiques ou *Dolmens*, d'une époque beaucoup plus ancienne. La partie haute de ce quartier, contient un grand nombre de maisons isolées et deux hameaux maures, le grand et le petit Bouzaréa.

Toute cette région du massif qui, au moment de l'occupation française était couverte de hautes broussailles et de bouquets d'arbres d'essences diverses, sur une étendue de plus de 2,000 hectares, fait aujourd'hui un triste contraste par sa nudité avec les autres communes de la banlieue d'Alger, l'appauvrissement de ce terrain tient à des causes dont il sera question tout-à-l'heure. Disons tout d'abord que la première de ces causes, est l'absence de toute voie carrossable, due à l'égoïsme des anciens administrateurs de la commune d'Alger, à laquelle appartenait Bouzaréa. Selon l'usage général des administrations du temps de l'empire, ces messieurs préféraient employer les fonds communaux à de nouveaux embellissements, au percement de rues d'une utilité fort contestable ; au lieu d'améliorer le sort d'une partie des habitants de la campagne, par la création de quelques chemins vicinaux, et de donner, par là, un peu de vie et de mouvement à une localité si rapprochée de la ville, qu'on reléguait au loin en quelque sorte, par un abandon injuste et immérité.

GÉOGNÉSIE

Sous le rapport géognostique, le massif de Bouzaréa diffère absolument des régions voisines, puisqu'il comprend des granits, des gneiss, des micaschistes, et autres roches du terrain cristallin, formant de simples ilots disséminés depuis Bône, jusqu'au détroit de Gibraltar, sur le littoral africain.

Les roches de granit et de gneiss se montrent à découvert sur plusieurs points autour d'Alger, notamment au dessous du Fort-l'Empereur et dans le Frais-Vallon.

A partir de Bab-el-Oued jusqu'au cap Caxine, le calcaire cristallin forme une masse de 250 mètres d'épaisseur qui change de couleur et se présente en couches dites de *calcaire gris, bleu-turquin, bleu-turquin carburé, blanc saccharoïde ou sub lamaillaire,* que l'on voit intercalés dans le mica-schiste.

Au dessus du calcaire vient une masse schisteuse de 400 mètres de puissance composée d'un *phyllade talqueux,* passant au *taleschiste* dont les couleurs plus habituelles sont le blanchâtre-argentin, le vert, le bleu-clair, le violacé et rarement le noir.

Cette roche parcourue par des filons métalliques (fer carbonate, plomb argentifère) et entremêlée de veines de quartz et de pegmatite disparait au sud sous le terrain tertiaire subapennin; ce dernier, dont quelques lambeaux se montrent jusqu'auprès du littoral, est formé de strates de grès calcarifère, ou de calcaires à coraux qui alternent avec des sables tantôt rouges tantôt jaunes ; l'épaisseur de cette assise est de 20 à 25 mètres. L'assise inférieure se compose de marnes bleues qui présentent des couches subordonnées d'un calcaire marneux grisâtre ; la puissance de cette assise est de deux à trois cents mètres.

Toutes ces roches sont très riches en débris d'animaux fossiles, dont les noms figurent dans le catalogue publié en 1870, par notre regretté collègue M. Charles Nicaise.

Après le terrain tertiaire supérieur ou subapennin, vient la formation quaternaire aussi divisée en deux assises.

L'inférieure appelée *diluvienne* (alluvions anciennes) est composée de limon-argilo-calcaire de couleur rougeâtre ou jaunâtre, d'épaisseur variable, mêlé tantôt de nodules calcaires et de galets, que l'on peut voir sans sortir de l'enceinte de la ville d'Alger.

Quant à l'assise supérieure ou alluvienne (alluvions modernes) elle est aussi formée ordinairement d'une couche de galets plus ou moins volumineux à la base, puis de limon-argilo-sableux en strates horizontales, et sur le littoral de conglomérats calcaires et de grès marins de formation toute récente.

C'est ce qui est démontré par les débris d'animaux fossiles, trouvés dans ces couches et qui appartiennent à des espèces encore vivantes.

Cette courte énumération que nous venons de faire des roches qui entrent dans la composition des couches géognésiques de la Bouzaréa, suffit au cultivateur instruit, non seulement pour apprécier le degré de fertilité du sol, mais encore pour le guider dans la spécialisation des branches d'exploitation qu'il peut entreprendre.

On sait que le felspath qui figure parmi les éléments des roches de gneiss et de granit, présente dans sa composition chimique une assez grande proportion de potasse ou de soude combinées avec l'alumine et la silice. Le mica des roches schisteuses présente une composition analogue en proportions différentes ; or, de ces quatre substances, il en est une reconnue indispensable à la production de la vigne, à tel point qu'un chimiste d'Alger, a pu, non sans quelque fondement, attribuer l'infériorité de nos vins ordinaires, à la pauvreté du sol de nos vignobles en silicate de potasse ; à ce point de vue, on peut affirmer que le sol des terrains supérieurs de la Bouzaréa échappe à ce défaut ; en effet, ce sol généralement maigre, plus sablonneux qu'argileux, et très riche en sels alcalins, et s'il est peu favorable à la culture des céréales et des plantes fourragères, il se prête admirablement à la culture de la vigne et à la production des vins fins.

Dans les bas-fonds et sur les plateaux inférieurs, les argiles calcarifères et les marnes argileuses du terrain tertiaire, amendent convenablement le sol formé par les débris des roches cristallines, le rendent le moins perméable à l'eau, et lorsqu'il est convenablement fumé, le rendent très propice, non-seulement à la culture des céréales, mais encore à la culture maraîchère et aux cultures arborescentes.

Partout où existe la couche de diluvium calcaire rouge qui forme l'assise inférieure du terrain quaternaire, cette couche modifie avantageusement les terres argileuses du terrain tertiaire. On sait que ce diluvium calcaire est coloré par des dissolutions d'oxide de fer, en teintes qui varient depuis le rose jusqu'au rouge brique le plus foncé. D'après l'observation de M. Liebig, il devrait sa fertilité à la faculté qu'il a comme l'argile cuite, d'aspirer pour ainsi dire l'ammoniaque de l'atmosphère et de l'empêcher de se volatiliser en le fixant comme ferait un acide étendu sur le sol. « Par chaque pluie, dit-il, l'ammoniaque que le sol a absorbé se dissout dans l'eau et est présenté dans cet état à la plante. » (*Chimie appliquée à la physiologie végétale p. 80.*)

Enfin dans les terres couvertes de broussailles et nouvellement défrichées, nous devons tenir compte d'un autre élément fertilisant l'*humus* qui s'y trouve amassé par le fait de la décomposition des détritus végétaux. Malheureusement cet amendement précieux manque complètement sur les terres hautes, que l'imprévoyance de l'administration a depuis longtemps abandonnées aux ravages des maraudeurs indigènes. Depuis trente ans ces derniers exploitent les terrains communaux qui leur sont abandonnés pour en extraire les souches des broussailles et des arbres qui s'y trouvaient en abondance avant la conquête ; d'où est résulté la dénudation la plus complète de ces terrains devenus tout à fait improductifs et impropres à toutes cultures.

HYDROLOGIE

L'étude de l'hydrologie du massif de Bouza-réa se rattache intimement à celle de sa configuration topographique et de sa structure géologique, puisque la distribution des eaux et leurs propriétés dérivent de l'altitude et de la disposition des couches minérales, aussi bien que de la composition chimique de leurs éléments.

Plus de la moitié des eaux pluviales qui tombent chaque année sur les terres du massif, appartient au bassin de l'oued Terfa (rivière du Tamarix) dont le cours n'excède pas 12 kilomètres de longeur de sa source principale au marabout de Sidi-Yousef à son embouchure ; son affluent le plus considérable est l'oued Beni-Messous dont une des sources est connue sous le nom de Aïn-Sidi-Abdhéraman ou Fontaine-Chapelle, localité célèbre dans les fastes de la conquête.

Après l'oued Terfa dont le lit est profondément creusé dans les terrains alluvionnaires du Baïnem, vient l'oued Aïoun Sk'rakna (rivière des Eaux-Chaudes) qui prend sa source au dessous même du village de Rir-Seman, descend d'abord directement au sud, puis se tourne à l'est et enfin au nord, en recueillant dans ce contournement demi-circulaire toutes les eaux du versant du sud-est.

Quant au versant nord, il est traversé par plusieurs petits bassins côtiers qui versent leurs eaux directement à la mer et ne sont que de simples torrents desséchés pendant les deux tiers de l'année.

Indépendamment des eaux courantes plus ou moins vives, utilisées pour l'irrigation et par l'industrie meunière, on trouve dans le massif un grand nombre de sources dont quelques unes sont assez abondantes. Nous citerons en première ligne la source d'Aïn-Benian dont les eaux alimentent Guyotville, celle de l'Aïn-Abderhaman et celle du Beau-Fraisier, utilisées pour l'irrigation des anciens jardins de l'hôpital du Dey. Il est à remarquer que toutes ces sources émergent des couches calcaires qui constituent les puissantes assises du versant nord du mont Bouzaréa, aussi leurs eaux contiennent une forte proportion de carbonate de chaux, qui se dépose en incrustations sur les parois des canaux de conduite, et même à l'air libre sur plusieurs points du Frais-Vallon.

L'analyse chimique de ces eaux a démontré que l'eau potable de la Bouzaréa, analogue pour sa composition à celle que fournissent les terrains anciens, est peu chargée de sels (0 g. 3,252 par kilogramme d'eau) est très-convenable pour tous les besoins de l'économie domestique, et l'emporte de beaucoup sous ce rapport, sur l'eau potable des terrains tertiaires contenant une plus forte proportion de sels solubles. (1 g. 9,914 par kilogramme d'eau.)

On peu conclure de là, *à priori*, que toutes choses égales d'ailleurs, l'acclimatation des européens sera plus facile dans les terrains anciens que dans les terrains tertiaires, parce que l'eau potable des premiers est en général bien supérieure à celle des seconds. Nous savons, en effet, que les roches les plus anciennes sont les moins riches en sels solubles.

C'est cette même circonstance qui rend l'eau des puits de la Bouzaréa, beaucoup plus salubre que celle des puits du terrain tertiaire ; cette dernière traversant des couches argilo-marneuses, se charge d'une forte proportion de plâtre qui abonde dans ces roches et devient séléniteuse, c'est-à-dire qu'elle ne dissout pas le savon, cuit mal les légumes et étanche peu la soif. Les puits sont très-multipliés partout sur les pentes comme au fond des ravins ; le plus remarquable se trouve presque au sommet de la montagne ; au village même, c'est le puits de Bir-Semman, dont les eaux affleurent presque le sol

en toute saison, et ne contiennent qu'une proportion très-minime de sels solubles.

L'eau n'est pas moins nécessaire à la végétation des plantes qu'à la satisfaction des besoins
de l'homme, et la présence de l'eau d'irrigation
dans une localité augmente, comme on sait,
considérablement la valeur des propriétés en
Algérie. Nous venons de voir que les eaux courantes manquent absolument sur les terres hautes de Bouzaréa, mais, qu'à défaut des eaux su-
perficielles, les eaux souterraines sont répandues
à peu près partout et à peu de profondeur, si
bien que dans toutes les localités où la déclivi-
té du sol le permet, il est possible au moyen
de norias de fertiliser les couches cultivables
par l'irrigation. Ainsi, dans le Baïnem, des
bancs de poudingue qui ne sont que des
dépôts lentement effectués par les torrents, sup-
portent à peine quelques centimètres d'une terre
siliceuse à moitié desséchée, cette croûte pier-
reuse recouvre une couche argilo-marneuse qui
constitue le sous-sol et maintient en toute saison les eaux pluviales à très-peu de profondeur;
il serait donc peu difficile et peu dispendieux
d'irriguer une grande partie de ce plateau au
moyen de norias. Les vestiges d'anciennes constructions hydrauliques qu'on observe sur plusieurs points notamment près du ravin de l'oued
Terfa, près du cap Acouatyr, et à Aïn-Benian

près de Guyotville, attestent que sous la domination romaine les eaux souterraines étaient utilisées pour les besoins d'une population plus nombreuse que celle d'aujourd'hui et pour l'irrigation.

—

Le massif de Bouzaréa est riche en eaux minérales, ferrugineuses, salines froides ou thermales. Dans le bassin de l'*Aïoum Sr'Akna* (Eaux-Chaudes) plus connu des Algériens sous le nom de *Frais-Vallon*, on en compte plusieurs dont la plus connue est celle qui est située près de la Kouba de Sidi-Djebbar, très-fréquentée en toutes saisons, comme l'affirme le Dr Bertherand, par les femmes indigènes divorcées qui veulent retrouver un mari ; ces eaux sont ferrugineuses alcalines carbonatées; plus bas, dans la propriété de M. Dufour, ou rencontre une autre source de même nature, mais dont la température s'élève à plus de 33 degrés. Dans la propriété de M. Bernard Caldunbide, membre titulaire du Comice, est une source d'eaux minérales acidulées qui ont été l'objet de plusieurs analyses faites au laboratoire de l'école des mines. Les mêmes eaux sourdent sur plusieurs points des berges de l'Oued, jusqu'au près de la Poudrière.

Enfin, près du village de Bouzaréa, au-dessous du hameau maure, existe une source ferrugineuse dont feu M. Milon, ancien pharmacien en chef de l'hôpital du Dey, a fait connaître l'analyse.

L'existence de ces eaux minérales constitue une richesse locale ambitionnée par toutes les villes, et on ne s'explique pas comment la ville d'Alger, qui les a dans son voisinage immédiat, n'a pas encore su en tirer parti, ne fut-ce que pour l'agrément des nombreux étrangers qui viennent y séjourner. Sauf un chemin vicinal très étroit et très peu praticable et qui s'engouffre sans issue dans le fond du ravin de l'ouest. Il n'existe pas une seule voie carrossable dans l'intérêt de l'exploitation agricole des riches campagnes qui embellissent cette localité.

CLIMATOLOGIE

Ce n'est guère que par expérience que l'on peut se convaincre des différences de climat qui existent en Algérie entre des localités très rapprochées, mais de configuration diverse.

La cause principale de ces différences c'est le rayonnement nocturne dû à l'absence ou à la rareté des mages. L'abaissement de température produit chaque nuit, dans certaines localités, est souvent assez prononcé pour faire souffrir la végétation et impressionner les hommes et les animaux qui ne s'abritent pas.

C'est ainsi que, sous l'influence du rayonnement nocturne, on voit à Laghouât, dont le climat participe de celui des régions inter-tropicales, le thermomètre s'abaisser à + 1° 34, + 1° 93 en février et mars, et même du 16 au 21 janvier à 3° 50 au dessous de zéro.

C'est ce qui explique pourquoi Alger l'emporte sur Laghouât en précocité de fruits.

Des phénomènes analogues, quoique moins remarquables, se produisent dans la plaine de la Mitidja, et suffisent pour altérer la santé de ceux qui n'y sont pas encore acclimatés. A ne considérer que les maxima de température, le climat de la plaine est plus chaud que celui du Sahel et de la Bouzaréa, mais, dans son ensemble, il est beaucoup moins précoce ; il y fait parfois de fortes gelées blanches, le soleil a souvent peine le matin à dissiper le brouillard ; les terres plus argileuses, moins en pente, s'échauffent plus difficilement et ne s'égoutent pas aussi vite.

De toutes ces causes, il résulte que des contrées si voisines ont des saisons agricoles presque aussi différentes entr'elles que le Nord et le Midi de la France.

Aussi on récolte des pois, des haricots, des fèves dans le Sahel et les bas plateaux de Bouzaréa alors qu'on vient de les semer dans la plaine ; dans les premières localités on met les tabacs au séchoir alors qu'on en plante encore dans l'autre. Enfin, le bananier qui prospère sur le littoral, cesse de fructifier dans la Mitidja.

Ces différences doivent-être prises en sérieuse considération pour le choix des cultures à adopter dans l'une et l'autre localité ; il est évident, par exemple, que les cultures d'hiver seront plus faciles dans Bouzaréa et le Sahel ; que celles d'été réussiront mieux dans la plaine, le coton qui peut à peine amener ses capsules à maturité avant les pluies d'automne, sera mieux à sa place sur les hauteurs où il sera plus précoce, et le maïs qui pour réussir sans irrigation, demande une terre riche, plutôt forte que légère, qui conserve sa fraicheur, aura par contre une végétation plus vigoureuse dans la Mitidja ; il en sera de même de la betterave. En résumé, chaque culture a ses aptitudes particulières ; loin de lutter contre la nature, nous devons nous efforcer de l'avoir pour auxiliaire.

—

Le massif de la Bouzaréa est, comme on sait, entouré par la mer, de trois côtés, cette configuration modifie sensiblement les hautes températures de la saison sèche. Les chaleurs estivales diurnes y sont généralement fortes puisqu'elles oscillent entre 24º 60 au minimum et 40º 10 au maximum (moyenne 34º 05) ; mais elles ne sont véritablement accablantes que dans les vallées dépourvues d'ombrages, et dans les lieux soustraits par leur configuration aux mouvements des grands courants atmosphériques, localités plus rares à Bouzaréa que partout ailleurs. Chaque jour, de 9 heures du matin à 6 heures du soir, la brise de mer traverse le massif tout entier et va faire sentir sa douce influence jusques sur les terres hautes du Sahel.

Dans un travail de topographie médicale, publié en 1863, nous avons démontré que les éfluves marématiques, causes essentielles des fièvres intermittentes en Algérie ; soit en vertu de leur pesanteur spécifique plus grande que celle des couches supérieures de l'atmosphère, soit pour tout autre motif ; ne peuvent s'élever au-dessus des foyers d'émanation que dans des limites fort restreintes. Une altitude de cent mètres environ suffit pour mettre une localité entourée de marais à l'abri de leurs émanations.

Aussi non-seulement les habitants du massif jouissent de l'heureux avantage de respirer pendant l'été, un air frais et pur, mais ils ont encore une immunité plus précieuse, celle d'être hors de l'atteinte des émanations délétéres et des brouillards glacés de la plaine, qui sont sans contredit les causes premières des dyssenteries et des fièvres intermittentes les plus graves de cette région.

On sait qu'à plusieurs reprises, des médecins d'Alger, ont cherché à mettre à profit cette immunité pour établir à la Bouzaréa des maisons de santé. Ces entreprises ne peuvent réussir que dans le voisinage de centres de population plus considérables que la capitale de l'Algérie actuelle. Elles auront plus de succès lorsque, par suite de l'augmentation croissante des habitants et de l'élévation du prix des terrains dans le sud de la ville, les spéculateurs et les capitaux seront forcés de se retourner du côté du nord.

Déjà l'administration, dans plusieurs circonstances épidémiales, s'est bien trouvée de l'établissement de stations médicales temporaires, sur les hauteurs du massif ; on ne s'explique point comment elle n'a pas cherché à utiliser les terrains vagues de cette localité, sinon pour y créer de nouveaux centres agricoles, au moins pour donner de l'emploi aux nombreux ouvriers qui viennent depuis plus d'un an lui demander du travail. Au lieu de diriger ces ouvriers dans les chantiers de terrassement et de construction des plaines brûlantes du Chélif, mieux aurait valu les employer à ouvrir des routes, dans une contrée située aux portes d'Alger, où elles manquent absolument, malgré les réclamations dont les habitants ne cessent depuis 1864 d'assourdir l'autorité supérieure.

ÉTAT DES CULTURES

Deux ordres de faits influent sur l'état des cultures d'une contrée; les *faits physiques* et les *faits économiques*. Nous devons donc tenir un compte égal des uns et des autres, dans l'appréciation des résultats produits par la culture européenne dans les terres du massif de Bouzaréa.

Les différences de sol, de climat, de répartition des eaux de ces terres permettent d'y entreprendre à peu près toutes les cultures du Tell algérien, depuis l'horticulture maraichère et fruitière, jusqu'à la culture des céréales et des plantes commerciales; mais nous devons ajouter que pour assurer le succès de ces entreprises, le cultivateur doit tenir compte : 1° de l'absence ou de la rareté des capitaux qui peuvent les rendre fécondes; 2° de l'importance des marchés ouverts à l'écoulement de leurs produits ; 3° de l'existence des voies carrossables qui leur assurent un débouché sûr, facile, commode et prompt; 4° des prix courants des denrées. En un mot des circonstances économiques du pays où il opère.

Non-seulement la plupart des cultivateurs qui viennent en Afrique ne connaissent pas ou apprécient rarement bien ces circonstances ; mais c'est à peine s'ils y songent, s'ils croient nécessaire de les étudier, d'y avoir égard, c'est là une des causes principales des insuccès qui ont entravé et entravent encore la production agricole. Dans son excellent ouvrage sur la colonisation et l'agriculture de l'Algérie, M. Moll cite l'exemple significatif de plusieurs familles de cultivateurs provençaux qui, arrivées en Afrique avec quelque aisance, avaient tout dépensé en constructions ou travaux de défrichement et en denrées nécessaires pour vivre ; « habitués, dit-il à vendre le blé 25 francs l'hectolitre, ces pauvres gens n'avaient vu que le blé pour se récupérer de leurs avances, sans faire attention que cette denrée ne vaut en Algérie que les deux cinquièmes de ce prix (en 1845), les récoltes traitées à la méthode de leur pays, leur avaient fait défaut, ou leur avaient donné un rendement si minime, qu'elles n'avaient pas payé les frais. Ils n'avaient pas mieux compris que les colons du nord les avantages très grands et tout particuliers qu'offrent les hivers doux et pluvieux de notre colonie ; enfin moins encore qu'eux, ils avaient su tirer parti des importantes ressources que présente le bétail, cette ancre de salut pour le colon intelligent qui débute. »

Nous croyons être utiles aux immigrants actuels en appelant leur attention sur les notions suivantes, relatives aux débuts de la colonisation dans la région qui nous occupe.

C'est dans le massif d'Alger, sous la protection des camps retranchés, que se sont fondées les premières exploitations européennes. En 1834, M. Tobler s'établissait à El-Biar, M. Martin un peu au-delà, M. Fruistié à Chéragas; ils opéraient sur des domaines assez spacieux situés sur le parcours de la route d'Alger à Sidi-Ferruch, une des premières construites dans le nord-ouest d'Alger.

Ces colons faisaient des essais de toutes sortes de cultures, plusieurs s'étaient mis à planter des cannes à sucre. A la fin de 1835, l'un d'eux, M. Frédéric Villaret, faisait un très beau sucre brut, le même colon, l'année précédente, avait fabriqué trois pierres d'indigo. En 1836, MM. Tobler, Pélissier et plusieurs autres avaient déjà des plantations de coton assez étendues.

Toutes ces exploitations s'étaient fondées sans que l'administration eût jugé à propos d'intervenir; ni ses conseils, ni ses primes n'avaient été nécessaires pour faire entreprendre les cultures industrielles. Le seul encouragement que demandaient alors les colons pour la culture du coton, était de faire venir d'Amérique un modèle de machines à égrener, l'intendant

civil avait reculé devant cette dépense de
1800 fr., et la Chambre de commerce elle-même
avait eu beaucoup de peine à se faire autoriser
à décerner un prix de 500 fr. à M. Pélissier.

Ce système de culture, entrepris trop tôt
était condamné d'avance, au point de vue de
l'économie rurale, les bras et les capitaux lui
manquèrent à la fois, et quand même la colonisation aurait été plus avancée, les produits n'auraient pu lutter, sous le double rapport de la
qualité et du bon marché, avec les productions
similaires des deux Amériques.

Plantes aromatiques. — Quelques années
plus tard, lorsque la colonisation algérienne,
sous l'impulsion du gouvernement de cette époque, eut repris son essor, on crut avoir trouvé
dans la culture des plantes odoriférantes, une
branche d'industrie fort lucrative pour les colons. En effet, la préparation des huiles essentielles aromatiques se trouve dans de bonnes
conditions en Algérie, la chaleur du climat y
favorise à un haut degré, le développement des
odeurs dans les plantes, et les indigènes eux
mêmes, avant notre arrivée, tiraient parti de
cette circonstance naturelle pour la fabrication
de certaines essences très estimées en Europe.

C'est encore dans une localité du massi
d'Alger que furent commencés les essais les

plus importants de cette branche d'exploitation rurale, importée à Chéragas par ses premiers colons originaires du département du Var, auquel Grasse, la ville des parfums, appartenait alors. Dans un rapport lu en 1853, à la Société d'agriculture d'Alger. Il est constaté que M. Mercurin, maire de Chéragas, avait consacré 5 hectares à la culture du géranium-rosa et qu'en 1852 il avait extrait 20 kilogrammes d'essence d'une première coupe faite à partir du mois de juin sur trois hectares plantés l'année précédente. Outre ces 20 kilogrammes, il avait distillé, 45 kilos d'essence de petit grain, 20 kilos de néroli, et diverses autres essences de bigarnade, de citronnier, de cédrat, de citron, de bergamotte, de jasmin, de thym, fenouil, verveine, etc., qui ont figuré dans sa collection à l'exposition de Londres. Pendant l'année 1852, il avait livré au commerce français pour la somme de 8 à 9000 fr. de produits ; le néroli se plaçait alors à 400 fr. le kilo, le géranium à 150, fr. le petit grain à 85 fr.

La culture des plantes aromatiques qui, en 1852, promettait un si bel avenir, a dû s'arrêter dans son développement devant des obstacles économiques déjà prévus à cette époque. « Il ne faut pas confondre disait, M. Milon dans un mémoire présenté à l'Académie des sciences, l'accueil que la curiosité a fait aux premiers

produits algériens, avec un cours établi, la nou-
veauté et l'intérêt réel qui s'attache aujourd'hui
à toutes les denrées de la colonie ont fait obtenir,
au début, quelques prix très favorables sur les-
quels il ne serait pas prudent de compter....
Dans tous les cas la production des parfums et
des essences, très circonscrite en France, et
restreinte à quelques localités privilégiées, ne
doit pas prendre en Afrique, une extension
irréfléchie, les débouchés se fermeraient bientôt
à une récolte exagérée et le désappointement
serait d'autant plus cruel que la culture des
fleurs et des plantes aromatiques exige des
avances et des sacrifices considérables. »

C'est ce qui est arrivé. La culture de ces plantes après avoir envahi une partie des terres de
la banlieue d'Alger, s'est répandue jusqu'à Bouf-
farik et Blida, l'année dernière le géranium est
tombé de 150 à 40 fr. le kilo. Cette essence
s'est un peu relevée cette année, elle se vend
50 fr.

Céréales. — La culture des céréales n'est
devenue fructueuse pour les cultivateurs européens qu'à dater de la promulgation de la loi de
1851 qui a ouvert aux grains algériens le marché de la France. A l'exposition universelle de
Paris en 1855, ces grains furent classés au troi-
sième rang, relativement à ceux de l'univers

entier, et la prééminence n'a été donnée à ceux de deux autres origines que pour des nuances fort peu tranchées.

On sait que les beaux froments de l'Algérie appartiennent à diverses catégories : ce sont d'abord les blés tendres, qui rentrent dans la catégorie des *Richelles* et dont le grain, déjà légèrement translucide, a cependant encore la cassure farineuse. Selon l'heureuse expression de M. L. Vilmorin, on dirait des grains façonnés avec de la cire blanche, qui auraient légèrement jaunis à l'air. C'est dans le massif d'Alger qu'ont été recueillis les premiers spécimens de blé tendre qui ont tant contribué à la réputation des froments algériens, et nous voyons figurer dans le catalogue de l'exposition de 1855, les noms de M. Morin d'El-Biar, M. Jucili de Chéragas, MM. Marcadal et Marchal de la Bouzaréa, les blés tendres de ce dernier pesaient 84 kilos à l'hectolitre.

A cette époque tout semblait permettre un tel avenir à la culture des céréales et aux progrès de la colonisation dans le massif d'Alger, la proximité des marchés de la capitale, la beauté des produits, la fertilité des terres nouvellement défrichées ; mais les propriétaires du sol, n'avaient point compris dans leurs calculs, la concurrence que les blés de la plaine et de l'intérieur allaient faire à leurs produits, grâce au développement des voies carrossables et à la construction du chemin de fer d'Alger à Oran. Comment une contrée monteuse, à peu près dépourvue de routes et de chemins vicinaux, aurait-elle pu soutenir cette concurence ? — Une autre circonstance défavorable à la production des céréales, devait en arrêter bientôt le développement dans les parties hautes du massif, ce fut le peu d'étendue des concessions accordées par l'administration, et des anciennes propriétés, qui n'a jamais permis aux colons de maintenir assez de bétail pour augmenter ou même soutenir par les engrais la fertilité primitive de leurs champs emblavés.

D'après les relevés statistiques de 1872, la commune de Bouzaréa qui compte une population exclusivement rurale, de 994 européens et 699 indigènes, ne comprend qu'une superficie totale de 261 hectares consacrés à la culture des céréales ; — c'est à peine la superficie d'une ferme ordinaire de la plaine, et cette superficie est répartie en une centaine de petites propriétés.

Voici maintenant quelle a été la production en céréales de ces 261 hectares : toujours d'après les relevés officiels.

Blé tendre : 1,539 q. m. — blé dur : 679 q. m. — orge : 115 q. m. — avoine : 18 q. m.

Dans les parties basses du massif, sur le plateau du Baïnem ou les propriétés rurales ont une étendue moyenne de 25 à 30 hectares, la production des céréales est dans de meilleures conditions ; aussi toutes les terres nouvellement défrichées sont elles consacrées invariablement à cette culture. On estime que chaque propriétaire de cette région, cultive en moyenne chaque année 10 hectares de céréales.

Culture maraîchère. — L'horticulture maraîchère se trouve à Bouzaréa, dans des conditions extrêmement favorables, surtout au point de vue de la précocité et de la beauté des produits. Dans les jardins irrigables situés près du littoral et facilement accessibles aux voitures ; Ces primeurs réussissent aussi bien que dans les jardins d'Hussein-Dey et de la Maison Carrée. Nous avons vu figurer à l'exposition du Comice d'Alger, en avril 1870, un lot de tomates de primeurs parfaitement mûres. Un grand avenir serait réservé à la production de ces fruits-légumes dont la douzaine se vend à Paris, au mois de mars, 4 f. 50. — Sans la cherté et les grandes difficultés du transport. (1)

La culture des primeurs devient impossible

---

(1) Un Journal de Marseille, en date du 19 juin, annonce qu'il est entré dans ce port, un navire Espagnol venant de Valance, avec un chargement de 20,000 kilos de tomates.

à 100 mètres d'altitude ; mais alors elle est remplacée même dans les terrains secs par les cultures d'hiver qui réussissent beaucoup mieux que dans la plaine. De toutes ces cultures, celle de la pomme de terre est la plus productive. De toutes les variétés hâtives cultivées par les colons du Bouzaréa, la plus belle est la pomme de terre *mahonnaise*, dont la plantation a lieu au mois de janvier. Les pommes de terre *chardon*, et plusieurs variétés anglaises dont une a été primitivement envoyée en Algérie par M. le maréchal Vaillant sous le nom de *Bristol* ; sont remarquables par leur grande richesse en fécule et leur délicatesse.

D'après les relevés statistiques de 1872, la superficie des cultures de pommes de terre est évaluée à un total de 49 hectares dans la commune de la Bouzaréa. Au Baïnem de Guyotville, territoire très propice à cette culture, chaque propriétaire en cultive chaque année en moyenne au moins un hectare. Quant aux légumes d'hiver, cultivés dans le massif, les fèves figurent dans le territoire de la commune de Bouzaréa, pour une superficie de 24 hectares ayant produit en 1872, 189 quintaux métriques. — les plantes potagères emploient 40 hectares environ, cette superficie s'augmenterait indéfiniment si les maraichers des plateaux supérieurs avaient comme ceux du littoral, la facilité de transporter leurs produits et leurs engrais, autrement qu'à dos de mulet ou de bourricot.

Cultures industrielles. — Les cultures industrielles sont tout aussi favorisées par la nature du sol et le climat du massif que la culture maraîchère, ainsi on y met les tabacs au séchoir, alors qu'on en plante encore dans la plaine. — Le coton qui peut à peine amener ses capsules à maturité dans la Mitidja avant les pluies d'automne, est beaucoup mieux à sa place dans le Baïnem de Guyotville, où le sol siliceux et l'atmosphère saline, lui sont on ne peut plus favorables, malheureusement ces deux riches cultures ne pouvant y réussir que dans des terrains irrigables, ne peuvent encore s'étendre beaucoup dans une contrée où la main-d'œuvre agricole est rare et par conséquent chère.

Fruitiers. — Nous ne parlons que pour mémoire des plantations de fruitiers qui prospèrent dans tous les vallons abrités du Bouzaréa, et dont il serait hors de propos de faire ici la nomenclature. La plupart des propriétaires indigènes ou européens ne peuvent faire grand cas, en ce moment, d'un genre d'exploitation qui pourrait cependant devenir très productif, si des routes praticables permettaient de transporter les produits à prix modérés sur les marchés d'Alger, ou à l'heure qu'il est, ils ne peuvent même soutenir la concurrence, contre ceux venus des îles Baléares ou de la côte d'Espagne.

Viticulture. — Après les céréales la culture de la vigne est la plus étendue de toutes celles du massif d'Alger, et chaque année elle y acquiert plus d'extension. C'est une fait de *force majeure*. Les colons qui ont débuté, ici comme ailleurs, par semer des céréales, n'ont pas tardé à voir le sol s'épuiser faute d'engrais en quantité suffisante. Ils ont été forcés, comme les cultivateurs du midi de la France, de substituer à une culture de plus en plus improductive, l'industrie viticole, qui rencontre partout, dans le massif du Bouzaréa, les conditions de climat et de sol les plus favorables. On sait que dans les départements des Pyrénées orientales, de l'Hérault, du Var, des Alpes-Maritimes, etc., le seul moyen agricole de mettre en valeur les terrains les plus ingrats des montagnes, dont le sol calcaire ou schisteux se refuse à toute culture profitable, c'est d'y planter de la vigne. — Tel est le cas de la Bouzaréa.

Les relevés statistique les plus récents, donnent pour la commune de ce nom, les chiffres suivants :

Superficies plantées :

Cépages noirs. Popul. Europ. 25 h. — Popul. Indig. 4.
Cépages blancs.   —   12 h. —   —   1.

Total . . . 37   Total . . . 5

Faute de documents officiels pour la commune de Guyotville, nous donnons les chiffres approximatifs suivants. Environs de Guyotville, 34 hectares ; Baïnem, 17 hectares. Total. 51.

Les cépages noirs qui paraissait réussir le mieux dans les terres du massif, sont : le grenache, le mourastel, diverses variétés de plants d'Alicante, connus dans le département du Var, sous le nom de mourvédes ; enfin une variété de plant isabelle, désignée à tort sous le nom de maivoisie.

Parmis les cépages blancs les plus répandus, figurent : la blanquette de limoux, la clairette, divers plants muscats espagnols, et enfin le tokay, qui, dans les exploitations chaudes réussit admirablement.

Les indigènes et plusieurs propiétaires européens, s'adonnent spécialement à la culture des raisins de table, dits de *primeurs* ; ce sont : le plant de Dellys, le magdelen et plusieurs variétés de chasselas.

Personne, que nous sachions, ne fabrique de raisins secs.

Le manque de soins suffisants dans la fabrication des vins de Bouzaréa, a certainement con-

tribué dans une certaine mesure, avec le mau-
vais choix des cépages, à l'infériorité de plusieurs
d'entre eux ; mais c'est bien certainement à
l'élévation excessive de la température, lors de
l'époque ordinaire des vendanges, qu'il faut
attribuer la conservation difficile de ces vins.
C'est cette circonstance qui explique la bonne
renommée du vin fait avec les raisins de Mal-
voisie qui mûrissent très tard et se conservent
sur le plant, jusqu'à la fin d'octobre ou en
novembre, alors que les fortes chaleurs ont fait
place à la température modérée de l'hiver. Le
Comice d'Alger a primé cette qualité de vin,
lors de l'exposition de 1870.

Le Baïnem de Guyotville et les expositions
chaudes du Bouzaréa paraissent convenir parfaitement à la production des vins fins, *vins
blancs, vins de paille, vins de liqueurs*, ainsi que
nous l'ont démontré les produits exposés par
plusieurs propriétaires. Nous ne saurions trop
recommander, comme nous l'avons fait déjà, la
fabrication des vins de liqueurs analogues a
ceux de la Sicile, de l'Espagne, des Canaries,
etc., dont les Anglais et les North-américains
font une immense consommation.

Si nous considérons l'ensemble des cultures
du massif, nous sommes frappés du peu d'éten-

due de ces cultures, comparativement à la superficie totale de ce territoire. Dans la commune de la Bouzarea, par exemple, on arrive à peine au chiffre de 500 hectares pour le total des cultures européennes, tandis qu'on peut évaluer à plusieurs milliers d'hectares, les terrains en broussailles qui s'étendent depuis le marabout de Sidi-Yousef jusqu'à la limite des terres cultivées du Baïnem de Guyotville, à 4 kilomètres dans l'ouest.

Une partie de cette vaste étendue, est affectée comme terrain de parcours, à la dépaissance des bestiaux et divisée en communaux distincts appartenant à la Djemma indigène et à la commune européenne. Ces bestiaux sont peu nombreux. Les cultivateurs européens ont en moyenne une paire de bœufs de travail, quelques bêtes ovines et plusieurs chèvres. Les indigènes possèdent un plus grand nombre de têtes de gros bétail et des troupeaux de chèvres. Les relevés statistiques de la Bouzaréa, constatent pour cette année, un chiffre total de 151 bêtes bovines, 123 bêtes ovines, et 256 chèvres et boucs.

Nous ne comprenons pas dans cette évaluation les troupeaux de chèvres qui sont exploitées par des bergers maltais pour l'alimentation de la population d'Alger, cette exploitation se fait dans des conditions particulières, qui permettent de limiter les ravages de ces troupeaux, dans des espaces restreints, tandis que les troupeaux indigènes pénètrent partout et détruisent le peu d'arbres et d'arbustes échappés aux ravages du feu et des maraudeurs indigènes.

L'industrie de ces derniers, ne trouve plus guères d'emplacements propices que dans les ravins profondément encaissés, du versant nord du Bouzaréa. Tous les plateaux supérieurs, tous les crêtes sont aujourd'hui entièrement dénudées, et les terres qui recouvraient les rochers du sous-sol, privées de l'appui que leur prêtaient les racines et les souches des bouquets de lentisques, arbousiers, oliviers sauvages, myrtes, etc., ont été entraînées vers la mer par les eaux pluviales.

Cette dévastation des ravins du Bouzaréa, s'est augmentée encore, par le fait du développement pris par le commerce des cannes, des manches de parapluie et d'ombrelles, fabriqués avec les brins de génévriers, lentisques, arbousiers, etc., pour fournir aux magasins d'Alger, les matériaux de ce commerce, de nombreux chercheurs se mettent en campagne, ce sont des maraudeurs, des vagabonds qui appartiennent à toutes les nationalités, européens et arabes, ils pénètrent nuitamment dans les fourrés les plus épais, dans les propiétés domaniales, comme dans les propriétés privées, ils coupent, ils scient à ras de terre les jeunes plants, ou bien ils les arrachent tout entiers avec la racine qui formera la pomme de la canne ou le bout du manche.

La surveillance la plus active a été impuissante, jusqu'à ce jour, pour mettre obstacle à une industrie coupable qui rend impossible toute tentative de reboisement de nos montagnes. On aura beau multiplier les postes de gardes forestiers, et mettre sur le qui vive la police des villes et la gendarmerie rurale ; que peuvent ces agents contre l'audace et l'activité de maraudeurs qui n'ont pas d'autre moyen d'existence que le gain d'un trafic illicite ? D'ailleurs la nuit, les difficultés d'un pays désert profondément raviné et d'autres circonstances qu'il serait superflu d'indiquer ici, favoriseront toujours des méfaits, inhérents à la situation économique de la contrée.

La remise aux mains des colons et le défrichement des terrains en broussailles de la Bouzaréa peuvent seuls mettre fin à un état de choses doublement fâcheux pour le peuplement et la culture de cette contrée; il serait même urgent d'y porter remède avant que l'appauvrissement du sol ait fait de plus grands progrès. En remplacant ces broussailles par des vignobles, on donnera du travail, au reste d'une population misérable qui végète aujourd'hui dans les deux hameaux indigènes, on ouvrira une source

abondante de revenus aux propriétaires voisins
et on transformera en une riante contrée des
solitudes ignorées de tout le monde, sauf des
chassseurs qui viennent de temps à autre y
poursuivre les sangliers et les lapins.

COLONISATION AGRICOLE

On a dit avec raison, que les colonies agricoles
font les grandes sociétés, auxquelles l'avenir appartient; mais qu'elles n'ont pas la rapide et
éblouissante prospérité des colonies commerciales. L'histoire de la colonisation agricole, en
Algérie, confirme la vérité de cette assertion.
Voila plus de trente ans que cette colonisation
a commencé, et nous voyons, presque aux portes de la capitale du pays, toute une contrée ou
elle n'a point encore pénétré, bien que cette
contrée réunisse les conditions naturelles les
plus propices à l'exploitation rurale.

Les questions d'immigration, de concessions
de terres, d'installation coloniale, et de crédit
agricole ayant été, dès le principe, mises sous le
patronage de l'État, avec son assistance gouver-
nementale, administrative et budgétaire ; c'était
naturellement à l'État qui incombait le soin de
placer les colons du massif d'Alger, dans des

conditions économiques nécessaires pour assurer leur prospérité; or l'État était représenté par des officiers généraux, responsables de la sûreté publique, qui avaient à tenir compte dans leurs déterminations des raisons politiques et militaires bien plus que des raisons agricoles ; aussi se sont-ils fort peu occupés des besoins et des intérêts de centres de population condamnés à un isolement presque absolu, faute de voies de communication.

Lorsque Bouzaréa, St-Eugène, Pointe-Pescade, eurent été constitués en annexes de la commune d'Alger, ce fût naturellement à la municipalité de cette ville que les habitants durent adresser leurs doléances, au sujet de cette absence de viabilité qui les plaçait, dans une véritable impasse. Ils ne s'en firent pas faute, et dans les années 1847, 1849, 1853, 1861 et 1863, des pétitions régulières appuyées sur de nombreuses réclamations verbales, signalaient à l'autorité municipale, les inconvénients d'un état de choses, si nuisible au développement de l'agriculture. Ces pétitions réclamaient une vicinalité complète entre les diverses annexes, un chemin de grande communication sur le littoral entre les communes d'Alger et de Chéragas; enfin un chemin vicinal d'Alger à El-Biar par le Frais-Vallon.

Bien que peu disposée, en général, à faire

droit aux exigences des colons, l'administration centrale avait du moins, au point de vue stratégique, compris la nécessité de construire la grande route départementale d'Alger à Chéragas, avec embranchement sur la vigie du mont Bouzaréa, et plus tard (1865), celle de Sidi-Ferruch à Alger, passant par Guyotville. L'ancienne administration municipale d'Alger, n'a pas fait autre chose que des tracés de routes sur le papier, (tracé d'une route centrale du massif, du village de Bir Sennan à Guyotville ; tracé d'un chemin vicinal d'Alger à El-Biar, par le Frais-Vallon ; enfin tracé d'un chemin de St-Eugène à Bouzaréa, par la Vallée des Consuls. Nous ne connaissons pas au juste les dépenses exigées par l'exécution de ces divers tracés, nous savons seulement, que le devis du dernier chemin, figurant dans le rapport de Monsieur l'Ingénieur des Ponts-et-chaussées chargé du service des chemins vicinaux, en date du 18 avril 1860, s'élevant à la somme de 60,000 fr. Inutile d'ajouter que la présentation de ce devis, ajourna indéfiniment tous les projets de chemins, réclamés par les habitants du massif.

La population de Bouzaréa, lasse de poursuivre inutilement de ses doléances, la haute administration et la municipalité, se décida alors à demander la séparation de son territoire de celui d'Alger, et sa constitution en commune.

Cette demande a été accueillie, il y a environ deux ans, et le premier soin du conseil nommé à l'élection, a été de réaliser, sur son budget, quelques économies suffisantes pour satisfaire au plus pressant besoin des cultivateurs ; la construction des chemins vicinaux. Une commission spéciale a été nommée et voici le système de viabilité qu'elle a adopté.

En jetant les yeux sur un plan topographique de la contrée, on voit les crêtes qui forment la ligne de faîte entre les versants nord et sud du mont Bouzaréa, s'abaisser peu à peu en allant de l'est à l'ouest depuis le village de Bir-Semman, situé à 360 mètres au-dessus du niveau de la mer, jusqu'à la route de Guyotville qui coupe le plateau du Baïnem dont l'attitude moyenne est de cent mètres.

Il y aurait fort peu de dépense à faire, pour transformer le sentier indigène qui suit ces crêtes, sur une étendue d'environ 7 kilomètres, en un chemin carrossable qui relierait presque directement l'annexe de Guyotville à Bouzaréa ; le tracé de cette route ne traverse aucun ravin, et il y a sur son parcours aucun terrain à acheter. Au dire d'un ancien colon, ce tracé d'après une étude préparatoire faite depuis plus de 20 ans, entraînerait une dépense totale de 7000 fr.

La commission s'est décidée à construire en

premier lieu, cette *route des crêtes* d'après cette considération importante, que tout en donnant de la valeur aux propriétés situées sur son parcours, elles aiderait beaucoup au peuplement de la partie déserte de la commune, où il n'existe en ce moment aucun chemin carrossable.

Son attention s'est portée, ensuite, sur un autre vieux projet ; celui de la construction d'une nouvelle route d'Alger à El-Biar par le Frais-Vallon, dont elle propose l'exécution, dans la mesure des ressources du budjet municipal.

La construction de cette route qui ouvrirait aux communes de Dely-Ibrahim, de Chéragas, de la Bouzaréa, et aux cultivateurs d'une partie d'El-Biar, un débouché sur Alger beaucoup plus commode et moins dispendieux que celui des pentes raides et fatigantes du Fort l'Empereur, aurait été arrêtée, dit-on par des considérations mesquines d'intérêts étrangers à l'agriculture. Il est fâcheux que l'ancienne municipalité d'Alger, n'ait pas su s'élever au-dessus de pareilles considérations, et n'ait pas compris qu'en s'opposant aux réclamations légitimes de ses sections rurales. Elle compromettait leur avenir agricole au détriment de la population urbaine.

» Plus fréquenté et mieux apprécié, disent les auteurs de la pétition au Conseil municipal de 1863, le mont Bouzaréa contribuerait pour sa part à la renommée de la capitale de l'Algé-

« Est-il une contrée plus heureusement acci-
dentée, plus agreste et d'un aspect plus intéres-
sant au point de vue artistique et géologique ? »

« La réponse à cette question ne peut être
douteuse pour ceux qui connaissent le vaste et
magnifique amphithéâtre de ces vertes collines,
qui commence à la porte Bab-el-Oued pour s'é-
tendre jusqu'à la Pointe-Pescade, au nord ; puis
de cette même porte jusqu'aux limites de la
commune de Chéragas, au sud-ouest. »

« Quel pays au monde offre des perspectives
comparables à celles dont on jouit du sommet
du mont Bouzaréa ? Il n'est personne parmi les
européens, qui n'ait entendu parler du beau
pays de Naples et de l'immense panorama qui
se déroule aux yeux du touriste allant visiter
les bons pères du couvent des Carmes, situé
au-dessus du fort St-Elme, et il n'est personne
non plus, qui n'ait éprouvé un ardent désir de
jouir du spectacle dont il a souvent entendu
raconter les merveilles. »

« Et cependant, pour qui connaît, à la fois,
la position de Naples et d'Alger, les analogies
topographiques et climatériques qui font comme
deux sœurs de ces deux villes, en apparence si
dissemblables, sont frappantes. »

« D'où vient donc que les belles collines de
Naples soient si connues, si vantées et généralement si fréquentées, alors que leurs sœurs algé-

riennes sont complètement ignorées ? »

« C'est que Naples possède de longues et belles voies carrossables qui conduisent l'étranger au sommet de ces points élevés ; c'est qu'il y trouve toutes les commodités désirables, tant pour s'y transporter sans fatigue, que pour s'y reposer dans la contemplation de l'immense bassin qui s'étend sous ses yeux, de Sorrente à Miscène, sur une partie de la Campanie et de la terre de labour. »

« Ah! Messieurs les édiles algériens, facilitez aux étrangers l'ascension de notre admirable belvédère ; et bientôt, vous verrez l'animation succéder au silence de ces solitudes, maintenant inaccessibles, et la renommée s'en éprendre comme elle s'est éprise des sites pittoresques des environs de Naples. »

Les générations futures se refuseront à croire qu'un appel si intelligent n'ait pas été entendu ; et qu'une administration francaise ; pour la satisfaction de quelques intérêts sordides, aie préféré s'associer à la barbarie turque, pour exclure de la colonisation agricole, toute une contrée aussi admirablement dotée par la nature, que l'est le massif de la Bouzaréa, et la maintenir dans l'état de sauvagerie primitive, d'où nous essayons de la faire sortir.

Dr LIAUTAUD.

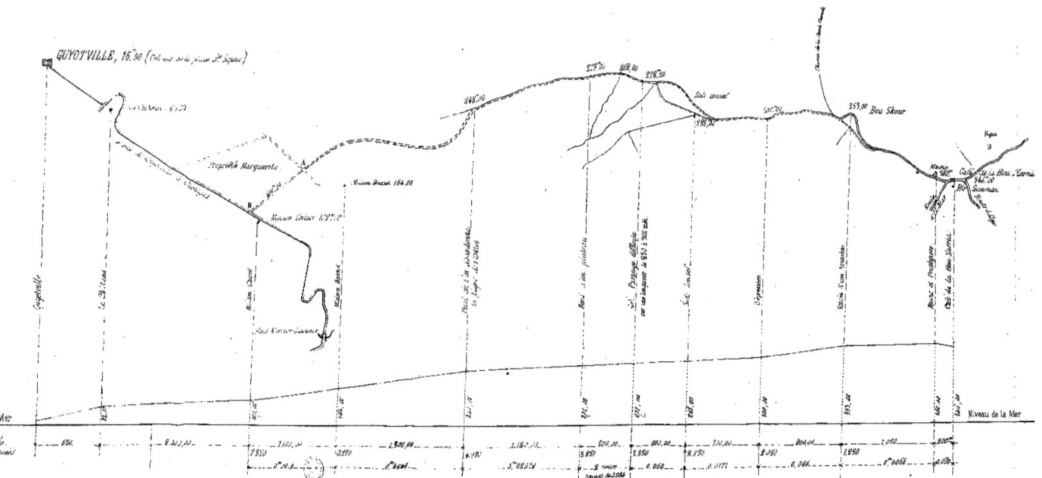

ÉTUDE de la Route conduisant de la Bou-Zarria à Guyotville,

par les crêtes et appelée d'après cela ROUTE DES CRÊTES.

Échelle du 20.000 pour le plan et du 10.000 pour les altitudes.

les pentes de la partie occidentale de ce tracé sont très fortes, mais on
pourrait les rendre moins raides en abaissant le tracé.

De la Bou-Zarria à la route de Guyotville, Maison Crévet : 5.000ᵐ
Partie ouverte de la Bou-Zarria à l'extrémité d'une tranchée au sud de
  Bou-Skour 1.250
Reste à ouvrir 3.750ᵐ

Pour être amorcée on se verra en l'amélioration du chemin à exploitation
AB en longeant la propriété Marguerite au S-E, ce qui ramènerait ce
dernier chiffre à 3.150ᵐ

www.ingramcontent.com/pod-product-compliance
Lightning Source LLC
LaVergne TN
LVHW012101030726
842523LV00002B/649